河　南　省　地　方　标　准

普通干线公路养护大中修实施方案编制规程

Regulation on Compiling Implementation Plan for Heavy and Intermediate Maintenance of Ordinary Trunk Highway

DB 41/T 1713—2018

主编单位：河南省交通运输厅公路管理局
河南中原公路勘察设计有限公司
批准部门：河南省质量技术监督局
实施日期：2019 年 02 月 12 日

人民交通出版社股份有限公司
China Communications Press Co.,Ltd.

图书在版编目(CIP)数据

普通干线公路养护大中修实施方案编制规程 / 河南省交通运输厅公路管理局, 河南中原公路勘察设计有限公司编. — 北京 : 人民交通出版社股份有限公司, 2019.1

ISBN 978-7-114-15236-8

Ⅰ. ①普… Ⅱ. ①河… ②河… Ⅲ. ①干线公路—公路养护—方案制定—技术操作规程 Ⅳ. ①U418-65

中国版本图书馆 CIP 数据核字(2018)第 288992 号

河南省地方标准

书　　名: **普通干线公路养护大中修实施方案编制规程**

主编单位: 河南省交通运输厅公路管理局

河南中原公路勘察设计有限公司

责任编辑: 王　丹

责任校对: 刘　芹

责任印制: 张　凯

出版发行: 人民交通出版社股份有限公司

地　　址: (100011)北京市朝阳区安定门外外馆斜街 3 号

网　　址: http://www.ccpress.com.cn

销售电话: (010)59757973

总 经 销: 人民交通出版社股份有限公司发行部

经　　销: 各地新华书店

印　　刷: 北京鑫正大印刷有限公司

开　　本: 880 × 1230　1/16

印　　张: 1.25

字　　数: 31 千

版　　次: 2018 年 12 月　第 1 版

印　　次: 2018 年 12 月　第 1 次印刷

书　　号: ISBN 978-7-114-15236-8

定　　价: 25.00 元

(有印刷、装订质量问题的图书由本公司负责调换)

目　次

前　言

本标准按照 GB/T 1.1—2009 给出的规则起草。

本标准由河南省交通运输厅提出。

本标准由河南省交通运输厅公路管理局归口。

本标准起草单位:河南省交通运输厅公路管理局、河南中原公路勘察设计有限公司。

本标准主要起草人:郭留红、尚刚、郭桂林、吉世鹏、胡予磊、刘兆印、张奇。

本标准参加起草人:刘怀相、赵宏宇、薛鹏涛、邓志坤、魏方震、赵敬文、袁卫军、曹锋军、薛保贵、古献军、郭孟卓、化高伟、武少丰、庞战勇、武威、任丙彦、刘冰、楚志浩、邵百安、刘治、李杨、王鹏、苏振兴、张朝峰、栾丽玲、张野、刘小翠、袁雪雪、张会杰、刘胜男、刘昊、郑茂垒、林红山、侯国辉、王驷猛、谷涛、万方、牛磊、刘军亮、朱家金。

普通干线公路养护大中修实施方案编制规程

1 范围

本标准规定了普通干线公路养护大中修实施方案编制的总则、大修实施方案、中修实施方案及设计成果提交。

本标准适用于普通干线公路养护大修、中修等修复养护实施方案的编制，其他养护工程可参照执行。

2 规范性引用文件

下列文件对于本文件的应用是必不可少的。凡是注日期的引用文件，仅注日期的版本适用于本文件。凡是不注日期的引用文件，其最新版本(包括所有的修改单)适用于本文件。

JTG B03	公路建设项目环境影响评价规范
JTG B04	公路环境保护设计规范
JTG B06	公路工程基本建设项目概算预算编制办法
JTG/T B06-01	公路工程概算定额
JTG/T B06-02	公路工程预算定额
JTG D40	公路水泥混凝土路面设计规范
JTG D50	公路沥青路面设计规范
JTG F80/1	公路工程质量检验评定标准
JTG H10	公路养护技术规范
JTG H11	公路桥涵养护规范
JTG H12	公路隧道养护技术规范
JTG H20	公路技术状况评定标准
交规划发〔2010〕178 号	公路建设项目可行性研究报告编制办法

3 总则

3.1

为指导和规范全省干线公路养护大修、中修项目实施方案的编写工作，使实施方案编制规范化、标准化，提高实施方案编制深度和质量，增强公路养护大修、中修决策的科学性，制定本标准。

3.2

实施方案编制应贯彻国家和省有关方针、政策，按有关标准、规范、规程，精心设计，做到科学、准确、合理。

3.3

实施方案编制应遵循“安全、耐久、节约、环保、和谐”的设计理念，结合经济、技术条件，吸取国内外先进经验，积极采用新技术、新材料、新设备、新工艺，积极采用材料循环利用及节能环保的养护技术。

3.4

实施方案编制应在路况检测、评价、分析的基础上，分段确定设计方案，从技术、经济、施工、交通组织、社会影响、环境保护等方面进行方案比选，提出推荐方案。

3.5

实施方案编制应进行施工组织设计，提出交通组织方案和施工安全保障措施。

3.6

实施方案编制应按 JTG B06、JTG/T B06-01、JTG/T B06-02 的规定及有关文件编制概预算。

4 大修实施方案

4.1 目的与要求

4.1.1 以路面补强、重建，恢复结构承载力为主，同时对路基、桥涵等进行整修，对路线交叉、安全设施进行改造或完善，达到恢复和提高道路服务水平的目的。

4.1.2 本标准中，桥涵大修指一、二、三类桥梁的维修与加固及涵洞的维修或改建，隧道大修指隧道内路基、路面大修。

4.1.3 应通过论证基本确定设计方案，在对现有公路进行全面调查、检测和客观评价的基础上，按照相关规范对道路进行技术状况评定，论证项目大修的必要性和可行性，结合交通量等资料，拟定修建原则、设计方案和施工方案，确定工程建设规模，提供方案文本和图表资料，编制工程概算。

4.2 主要工作内容

4.2.1 实测公路现状，拟合公路平面线形。

4.2.2 根据需要调查沿线地质、水文、气候等情况。

4.2.3 调查、检测路面的使用现状及存在的病害，分项评定路面技术状况，基本确定设计方案。

4.2.4 调查、检测路基、排水系统、支挡和防护工程的使用现状及存在的病害，对其进行技术状况评定，基本确定设计方案。

4.2.5 调查、检测桥梁、涵洞、隧道的使用现状及存在的病害，对其进行技术状况评定，基本确定设计方案。

4.2.6 调查路线交叉现状及存在的问题，基本确定优化和改造设计方案。

4.2.7 调查交通安全设施现状及存在的问题，对其进行技术状况评定，基本确定设计方案。

4.2.8 基本查明沿线筑路材料的质量、储量、供应量及运距。

4.2.9 基本确定施工期间的安全生产、交通组织、环境保护方案，初步拟定施工方案及工期安排。

4.2.10 编制投资概算。

4.3 实施方案

4.3.1 章节组成

第一章 概述

第二章 项目基本情况、道路现状分析及评价、大修的必要性

第三章 技术标准、大修方案及建设规模

第四章 施工组织及招标方案

第五章 投资概算及资金筹措

第六章 大修效果预评价

第七章 问题与建议

附表、附图及附件

4.3.2 第一章 概述

4.3.2.1 编制背景

区域经济社会发展、道路养护需求、省市养护计划及政府相关文件要求。

4.3.2.2 编制依据

标准、规范、规程、相关文件等。

4.3.2.3 编制过程

简要说明勘测和实施方案编制过程。

4.3.2.4 主要结论

大修必要性、技术标准、大修方案及建设规模、投资概算及资金筹措、实施效果预评价、问题与建议等。

4.3.3 第二章 项目基本情况、道路现状分析及评价、大修的必要性

4.3.3.1 项目影响区概况

项目在区域路网中的地位,项目影响区域经济社会发展概况。

4.3.3.2 建设条件

项目所在区域的地形、地貌、地质、水文概况,气候、公路自然区划与气候分区等,材料及运输条件。

4.3.3.3 交通量现状及预测

调查、收集项目沿线和区域路网历史和现状的交通量资料,分析交通量状况和特征,交通量状况数据应包括交通组成数据及交通荷载参数数据,交通荷载参数分析和计算按 JTG D40、JTG D50 的规定执行。

按《公路建设项目可行性研究报告编制办法》对交通量增长进行预测。

4.3.3.4 现有道路修建概况及技术标准

调查和收集现有道路属性信息,如公路等级、设计标准、路面结构、几何线形,以及现有道路管养信息,如道路建设与养护历史等。

4.3.3.5 现有道路技术状况分析

4.3.3.5.1 路面

4.3.3.5.1.1 道路现状:叙述现有道路路面使用现状,包括路面损坏状况、损坏类型、损坏程度及范围等,对病害状况、病害分类进行详细分析和介绍,应附图片资料。

4.3.3.5.1.2 路面性能指数计算:

a) 沥青混凝土路面:
   1) 根据路面损坏状况检测数据,计算路面损坏状况指数;
   2) 检测路面结构承载能力,计算路面结构强度指数;
   3) 开展必要的地质勘察和试验检测,查明特殊路段、特殊病害的产生原因、发展趋势。
b) 水泥混凝土路面:

1） 根据路面损坏状况检测数据,计算路面损坏状况指数、断板率、平均错台量等;
2） 进行弯沉检测,判定原路接缝传荷能力和板底脱空状况,计算接缝的传荷系数;
3） 选择代表性位置进行钻芯或探坑取样,量测水泥混凝土板厚度,必要时进行室内强度试验,分析路面破损原因,判断路面结构层状态。

4.3.3.5.1.3 病害成因分析:从交通组成、结构强度、路基稳定性等方面综合分析病害成因。

4.3.3.5.2 路基

4.3.3.5.2.1 路基现状:叙述现有路基、排水系统和支挡、防护工程使用现状,以及主要的病害类型。

4.3.3.5.2.2 病害成因分析:对存在的问题或者病害成因进行分析。

4.3.3.5.3 桥梁、涵洞

4.3.3.5.3.1 桥涵现状:叙述现有桥梁、涵洞使用现状,以及存在的病害类型,并收集养护部门桥涵经常、定期、特殊检查资料及近期一般性评定和适应性评定结果。

4.3.3.5.3.2 病害成因分析:对存在的问题或者病害成因进行分析。

4.3.3.5.4 路线交叉

4.3.3.5.4.1 路线交叉现状:叙述平交内排水和通视情况,平交内路面损坏情况,平交内标志、标牌、标线等各种安全保障设施设置情况等,以及存在的主要问题。

叙述下穿式立交桥下净空,立交桥桥墩的防撞设施,立交桥下排水设施等情况;上跨式立交防护设施,桥面排水设施设置等情况,以及存在的主要问题。

4.3.3.5.4.2 问题分析:对存在的问题进行分析。

4.3.3.5.5 交通安全设施

4.3.3.5.5.1 交通安全设施现状:

a） 现有安全设施的齐全性、合理性,特别是学校、村镇、临水临崖、急弯、深沟以及路线几何线形技术指标较低的路段;
b） 现有安全设施完好性、清晰度以及使用状态;
c） 现有弯道、路线交叉、学校、村镇等交通安全敏感路段的安全视距;
d） 收集交通事故数据。

4.3.3.5.5.2 问题分析:对存在的问题进行分析。

4.3.3.6 道路技术状况评定

根据检测数据和计算所得的公路技术状况指数,按 JTG H20 对现有道路技术状况进行评定。应进行路面损坏状况评定、路面结构强度评定、路基技术状况评定、桥隧构造物技术状况评定、沿线设施技术状况评定。

4.3.3.7 项目大修的必要性

根据相关养护规范、评定结果以及大修的意义论证必要性。

4.3.4 第三章 技术标准、大修方案及建设规模

4.3.4.1 技术标准

技术等级、设计速度、路基路面宽度、桥涵设计荷载等。

4.3.4.2 大修方案

4.3.4.2.1 路面

4.3.4.2.1.1 病害处治方案：根据病害产生的原因和各结构层状态，有针对性、分类型提出路面病害处治范围、处治措施，确定路面病害处治工程量。

4.3.4.2.1.2 路面结构方案：

a) 结合施工、交通、社会影响，从经济性、适用性、合理性等方面对大修方案进行同深度综合比选，最终推荐技术可行、经济合理和性能优良的路面结构方案；
b) 在保证一定使用年限的要求下，尽量减少原路面的开挖工程数量，减少废弃材料；积极推广再生技术；贯彻“充分利用原路强度”、节约资源、低碳环保的公路建设理念；
c) 将原路面病害处治放到重要位置，病害处理要彻底；
d) 应考虑高程变化对桥隧净空、平面交叉及城镇规划的影响；
e) 进行路面结构计算，提出验收要求；
f) 提出各结构层的技术指标和要求，确定材料的类型和规格。

4.3.4.2.2 路基

4.3.4.2.2.1 病害处治方案：根据病害产生的原因，有针对性地提出路基病害处治范围、处治措施，确定路基病害处治工程量。

4.3.4.2.2.2 路基整修方案：

a) 路基大修主要包括路基病害处治，防排水设施、防护与支挡设施的维修和完善，原有边坡的维护等；
b) 原则上利用现有路基，可对纵、横断面进行微调，应保持路基的稳定，避免大填大挖，避免诱发新的病害；
c) 开展必要的地质勘察和试验检测，查明特殊路段、特殊病害的产生原因、发展趋势；
d) 应收集养护部门对本地区典型路基病害的有效处理措施，为制订方案提供依据；
e) 根据路基排水、防护、支挡设施的技术状况，按“预防为主，防治结合”的原则，排查隐患，整修病害。

4.3.4.2.3 桥梁、涵洞

对一、二、三类桥梁进行维修或加固，对涵洞进行维修、加固或改建。

养护内容和方法按 JTG H11 的规定执行。

4.3.4.2.4 路线交叉

三级及以上公路路线交叉，应单独进行交叉设计。

根据公路等级、交通量等因素，对不符合规范规定的路线交叉进行优化改造。

4.3.4.2.5 交通安全设施

根据交通安全设施评定结果，在尽量利用现有安全设施的基础上，按交通安全设施相关规范进行维修、改造和增设。

4.3.4.3 建设规模

明确公路等级、设计速度、项目建设里程、路基路面宽度、投资金额等综合性规模指标，路基工程、桥涵、平交、安全设施等，特别是路面工程的分项工程规模。

4.3.5 第四章 施工组织及招标方案

4.3.5.1 施工组织

包含施工方案、安全生产方案、交通组织方案、环境保护方案等。

4.3.5.2 招标方案

包含招标范围、招标组织形式、招标方式。

4.3.6 第五章 投资概算及资金筹措

4.3.6.1 投资概算

按 JTG B06、JTG/T B06-01、JTG/T B06-02 的规定及有关文件编制投资概算。

4.3.6.2 资金筹措

项目建设资金来源及筹措方式。

4.3.7 第六章 大修效果预评价

叙述项目实施对提高道路服务水平,提升公路形象,减少环境污染,节约运输成本,促进经济发展所能起到的积极作用及预期效果。

4.3.8 第七章 问题与建议

为更好地促进项目实施,指导下一阶段的施工图设计,对项目实施过程中可能出现的社会、环境、技术、施工等问题,提出预警和建议。

4.3.9 附表、附图及附件

下列图表可根据需要进行增减:
——项目地理位置图(本图置于方案正文前面);
——路基标准横断面图;
——路面结构图(路面加铺厚度、宽度、结构类型、材料、翻修样式、加铺或者翻修后的弯沉控制指标等);
——水泥混凝土路面设计图(绘出水泥混凝土路面分块布置、接缝构造和补强及刚柔过渡方案图);
——路面结构计算书;
——新老路衔接方案图;
——桥头加铺或者顺接方案图;
——中分带开口部位加铺方案图;
——下穿结构物路段加铺或者顺接方案图;
——路面工程数量表(列出起讫桩号、长度、结构类型、各结构层次名称及厚度);
——路面病害工程数量表;
——路面病害处治方案一览表;
——路面病害处治方案图(示出病害类型、处治面积、深度、修补材料及回填材料,附注说明施工程序、重点、难点);
——路基病害处治工程数量表;

——路基病害处治方案图；
——路基防护工程数量表；
——路基防护方案图；
——路基、路面排水工程数量表；
——路基、路面排水工程方案图；
——现有桥梁、涵洞一览表；
——桥梁涵洞整修工程数量表；
——桥梁涵洞整修方案图；
——桥梁涵洞地质调查图表；
——现有路线交叉设置一览表；
——路线交叉工程数量一览表；
——路线交叉设计图；
——标志平面布置图；
——现有安全设施一览表；
——安全设施设置一览表（标志、标线、护栏、隔离栅、防眩板、诱导标等）；
——安全设施一般构造设计图；
——养护安全作业设计图；
——施工期交通组织设计图；
——现有道路调查资料、检测资料、技术状况评定资料：

- 原路实测弯沉统计资料；
- 沥青路面损坏调查表；
- 水泥混凝土路面损坏调查表；
- 路基损坏调查表；
- 桥隧构造物损坏调查表；
- 沿线设施损坏调查表；
- 公路技术状况评定明细表；
- 公路技术状况评定汇总表；

——概算文件；
——附件（测设合同、有关部门的批文以及协议、纪要等复印件）。

5 中修实施方案

5.1 目的与要求

5.1.1 以沥青混凝土路面罩面或者水泥面板修复为主，同时对路基、桥涵等一般性损坏进行整修，对安全设施进行修复和完善，达到恢复公路服务功能的目的。

5.1.2 本标准中，桥涵中修指一、二类桥梁与涵洞的维修与加固；隧道中修指隧道内路面的中修。

5.1.3 应在对现有公路进行全面调查、检测和客观评价的基础上，按照相关规范对道路进行技术状况评定，论证项目中修养护的必要性和可行性，结合交通组成等资料，拟定修建原则、设计方案和施工组织方案，确定工程规模，提出适应施工需要的方案文本、图表资料和技术要求，编制工程预算。

5.2 主要工作内容

5.2.1 实测公路现状，拟合公路平面线形。

5.2.2 根据需要查明沿线地质、水文、气候等情况。

5.2.3 调查、检测原路面的使用状况及存在的病害，分项评定路面技术状况，确定不同类型病害处治方法，绘制病害处治设计图，确定路面中修设计方案。

5.2.4 调查、检测路基、排水系统、支挡和防护工程，使用现状及存在的病害，评定技术状况，确定设计方案。

5.2.5 调查、检测桥梁、涵洞、隧道的使用状况及存在的病害，评定技术状况，确定设计方案。

5.2.6 调查交通安全设施现状及存在的问题，评定技术状况，确定设计方案。

5.2.7 调查落实沿线筑路材料的质量、储量、供应量及运距。

5.2.8 提出施工期间的安全生产、交通组织、环境保护方案，拟定施工方案及工期安排。

5.2.9 编制投资预算。

5.3 实施方案

5.3.1 章节组成

第一章 概述
第二章 项目基本情况、道路现状及评价、中修的必要性
第三章 技术标准、中修方案及建设规模
第四章 材料组成及施工技术要求
第五章 施工组织及招标方案
第六章 投资预算及资金筹措
第七章 中修效果预评价
第八章 问题与建议
附表、附图及附件

5.3.2 第一章 概述

5.3.2.1 编制背景

包括区域经济社会发展、道路养护需求、省市养护计划及政府相关文件要求。

5.3.2.2 编制依据

标准、规范、规程、相关文件等。

5.3.2.3 编制过程

简要说明勘测和实施方案编制过程。

5.3.2.4 主要结论

中修必要性、中修方案及建设规模、投资预算及资金筹措、实施效果预评价、问题与建议等。

5.3.3 第二章 项目基本情况、道路现状及评价、中修的必要性

5.3.3.1 项目影响区概况

项目在区域路网中的地位，项目影响区域经济社会发展概况。

5.3.3.2 建设条件

项目所有区域的地形、地貌、地质、水文概况，气候、公路自然区划与气候分区等，材料及运输条件。

5.3.3.3　交通量现状

调查、收集项目沿线的交通量资料，分析公路车辆类型组成，进行交通量增长趋势分析。

5.3.3.4　现有道路修建概况及技术标准

调查和收集现有道路属性信息，如公路等级、设计标准、路面结构、几何线形，以及现有道路管养信息，如道路建设与养护历史等。

5.3.3.5　现有道路路面技术状况分析

5.3.3.5.1　道路现状：叙述现有道路路面使用现状，详细分析和介绍病害状况、病害分类、形成机理，区分结构性病害和功能性病害，应附图片资料。

5.3.3.5.2　路面性能指数计算：

a）沥青混凝土路面：
   1）根据路面损坏状况检测数据，计算路面损坏状况指数；
   2）检测路面结构承载能力，计算路面结构强度指数；
   3）检测路面平整度，计算路面行驶质量指数；
   4）检测路面抗滑状况，计算路面抗滑性能指数；
   5）检测路面车辙深度，计算路面车辙深度指数；
   6）开展必要的地质勘察和试验检测，查明特殊路段、特殊病害的产生原因，发展趋势。

b）水泥混凝土路面：
   1）根据路面损坏状况检测数据，计算路面损坏状况指数、断板率、平均错台量等；
   2）进行弯沉检测，判定原路接缝传荷能力和板底脱空状况，计算接缝的传荷系数；
   3）检测路面抗滑状况，计算路面抗滑性能指数；
   4）检测路面平整度状况，计算路面行驶质量指数；
   5）选择代表性位置进行钻芯或探坑取样，必要时进行室内强度试验，分析路面破损原因，判断路面结构层状态。

5.3.3.5.3　病害成因分析：从交通组成、结构强度、路面材料性能等方面综合分析病害成因。

5.3.3.6　其他

路基、桥梁、涵洞、隧道、路线交叉、交通安全设施现状分析，以及存在的问题。

5.3.3.7　道路技术状况评定

根据检测数据和计算所得的公路技术状况指数，按 JTG H20 对现有道路技术状况进行评定。
根据需要对路基、桥隧构造物及沿线设施技术状况进行评定。

5.3.3.8　中修的必要性

根据相关养护规范、评定结果以及中修的意义论证中修的必要性。

5.3.4　第三章　技术标准、中修方案及建设规模

5.3.4.1　技术标准

技术等级、设计速度、路基路面宽度、桥涵设计荷载等。

5.3.4.2 中修方案

5.3.4.2.1 路面

5.3.4.2.1.1 病害处治方案:根据病害产生的原因和各结构层状态,有针对性、分类型地提出路面病害处治范围、处治措施,确定路面病害处治工程量。

5.3.4.2.1.2 路面中修方案:

a) 中修工程对平面线形、纵断面、横向坡度一般不进行调整,维持现状;
b) 以恢复公路技术状况为目标,科学合理、因地制宜、分段制订中修方案;
c) 沥青路面中修应在原路面病害集中处治或局部挖补基础上,再整段罩面,罩面应采用沥青混凝土,厚度一般不低于4cm。水泥混凝土路面中修采用全路段修复或改善,主要是各种病害的处治和修复,根据需要采取措施提高路面平整度或者抗滑能力。

5.3.4.2.2 其他

对路基、排水设施、防护与支挡设施等一般性损坏进行维修和加固;原则上不对路线交叉进行大的改造,应对病害进行处治,平面交叉应有顺接设计图;在尽量利用现有安全设施的基础上,按交通安全设施相关规范进行维修、改造和增设。

5.3.4.3 建设规模

明确公路等级、设计速度、项目建设里程、路基路面宽度、投资金额等综合性指标,以及主要工程数量。

5.3.5 第四章 材料组成及施工技术要求

5.3.5.1 材料组成及技术要求

明确各结构层的技术指标和要求,所用材料的类型、规格、技术指标等。

5.3.5.2 施工技术要求

明确施工设备、施工工艺、材料加工、质量控制等具体要求。

5.3.5.3 质量验收标准

按 JTG F80/1 的规定及相关公路工程施工技术规范进行检查验收。

5.3.6 第五章 施工组织及招标方案

5.3.6.1 施工组织

包含施工方案、安全生产方案、交通组织方案、环境保护方案等。

5.3.6.2 招标方案

包含招标范围、招标组织形式、招标方式等。

5.3.7 第六章 投资预算及资金筹措

5.3.7.1 投资预算

按 JTG B06、JTG/T B06-01、JTG/T B06-02 的规定及有关文件编制投资预算。

5.3.7.2 资金筹措

项目建设资金来源及筹措方式。

5.3.8 第七章 中修效果预评价

叙述项目实施对恢复道路使用功能，提升公路形象，减少环境污染，延长道路使用寿命，促进经济发展所能起到的积极作用及预期效果。

5.3.9 第八章 问题与建议

为更好地促进项目实施，对项目实施过程中可能出现的社会、环境、技术、施工等问题，提出预警和建议。

5.3.10 附表、附图及附件

下列图表可根据需要进行增减：

——项目地理位置图（本图置于方案正文前面）；

——路基标准横断面图；

——路面结构图（沥青混凝土罩面的厚度、宽度、结构类型、材料等，水泥混凝土路面修复或改善措施等）；

——新老路衔接设计图；

——桥头加铺或者顺接设计图；

——中分带开口部位加铺设计图；

——下穿结构物路段加铺或者顺接设计图；

——路面病害分类统计表；

——路面病害工程数量表；

——路面病害处治设计图（示出病害类型、处治面积、深度、修补材料及回填材料，附注说明施工程序、重点、难点）；

——路面工程数量表（列出起讫桩号、长度、结构类型、各结构层次名称及厚度）；

——路基防护工程数量表；

——路基防护设计图；

——路基、路面排水工程数量表；

——路基、路面排水工程设计图；

——现有桥梁、涵洞一览表；

——桥梁涵洞整修工程数量表；

——桥梁涵洞整修设计图；

——现有路线交叉设置一览表；

——路线交叉工程数量一览表；

——路线交叉设计图；

——标志平面布置图；

——现有安全设施一览表；

——安全设施设置一览表；

——安全设施设置一览表（标志、标线、护栏、轮廓标、诱导标、隔离栅、防落网等）；

——交通安全设施平面布置图；

——安全设施一般构造设计图；

——养护安全作业设计图；
——施工期交通组织设计图；
——现有道路调查资料、检测资料、技术状况评定资料：
- 路面弯沉、平整度、车辙、横向力系数等检测和统计资料；
- 沥青路面损坏调查表；
- 水泥混凝土路面损坏调查表；
- 路基损坏调查表；
- 桥隧构造物损坏调查表；
- 沿线设施损坏调查表；
- 公路技术状况评定明细表；
- 公路技术状况评定汇总表；

——预算文件；
——附件(测设合同、有关部门的批文以及协议、纪要等复印件)。

6 设计成果提交

6.1 设计文件幅面尺寸应采用 210mm×297mm(立式)。各设计图纸的幅面尺寸一般采用 210mm×297mm，必要时可采用 297mm×420mm，但需按照 210mm×297mm 折叠后装订。

6.2 实施方案封面应列出项目名称、建设路段、设计阶段(实施方案)、测设单位名称、出版日期，项目名称用××××养护大修工程或者××××养护中修工程命名，参照附录 A。

6.3 实施方案扉页的内容应包括项目名称、建设路段，主办单位、勘察设计证书等级及编号、各级负责人签章，参加测设人员(技术员以上)姓名、职务、职称，以及工作内容，参照附录 B。

实施方案中的图表均应由相应资格的设计、复核、审核人员签章。大修实施方案封面采用淡黄色，中修实施方案封面采用奶油白色或象牙白色。

6.4 实施方案文本中地图、规划图、路面及结构物现状和病害照片、取芯照片或者有必要的技术评定图表等应采用彩色打印，实施方案附图中如地理位置图、交通安全设施布置图等应采用彩色打印。

附　录　A
（资料性附录）
普通干线公路养护大中修实施方案封面格式

项目名称：×××线××至××（K＊＊＊+＊＊＊～K＊＊＊+＊＊＊）

（项目名称）养护大（中）修工程

实 施 方 案

编 制 单 位

年　　月

附　录　B
(资料性附录)
普通干线公路养护大中修实施方案扉页格式

(项目名称)养护大(中)修工程

实 施 方 案

编 制 单 位：　× × × ×　(盖章)
证 书 等 级：　× × × ×
发 证 机 关：　× × × ×
证　书　号：　× × × ×

单 位 主 管：　× × × ×　(签章)
总 工 程 师：　× × × ×　(签章)
项目负责人：　× × × ×　(签章)
技术负责人：　× × × ×　(签章)